儿童安全三字经

# 童安谣

## 第一册　室内篇

鲍　晓　鲍卫华◎著
鲍　晓　唐　敏◎绘

首都师范大学出版社

# 重要提示

　　本丛书图画显示的危险行为，请成年人务必提醒和警示儿童，以防跟学模仿！

# 序

　　儿童的健康和安全，关乎着家庭的幸福和民族的未来，一直是社会广泛关注的焦点。每当看到幼小的生命因安全事故酿成的悲剧，我们不禁扼腕叹息。如何加强儿童自身的安全防范意识，提高其应对险情的自我保护能力，成为我们共同思索的问题。

　　本丛书从中华民族的智慧宝库中获得启迪，采用大众喜闻乐见的"三字经"的传统语言形式来进行创作。一方面，我们将常见的安全隐患和必要的健康卫生知识收集并呈现出来，力求文字韵律清晰、通俗易懂，语句朗朗上口、便于传诵；另一方面，为提升儿童阅读兴趣，每段文字都配有手绘创作的彩图，画风清新自然、直观形象，以从视觉层面强化风险意识。此外，本丛书对危险场景的描绘尺度力求适当，以避免阅读过程中可能产生的恐惧或不适感。

　　本丛书共分为《室内篇》《户外篇》《玩耍篇》《保健篇》四个篇目，涵盖内容丰富细致，是一本很好的亲子互动和安全启蒙教育读本。希望本丛书可以在儿童的心里种上一颗"防患于未然"的种子，避免不幸事件的发生。最后，我们诚挚地欢迎广大读者朋友给予宝贵意见和建议，以求《童安谣》更为详尽和完善。

《童安谣》创作组

二〇一九年一月

童安谣　家中备　安全课　警示强

尊生命　重健康　多受益　广传扬

小小手 躲门框
门缝里 切勿放
不小心 门关上
夹住指 筋骨伤

竹筷子 小勺叉 用餐时 好好拿
尖朝下 勿乱耍 若起身 先放下

玻璃杯 亮光闪
牙齿咬 碎残边
玻璃碴 划舌唇
伤到处 落疤痕

棒棒糖 糖葫芦
走路时 不口含
防脚下 有障碍
绊一跤 刺喉咽

餐桌前　坐端庄　不翘椅　不摇晃

摇翻椅　手脚慌　碗打破　人跌伤

抽屉柜 储物架
不可攀 不可爬
登上去 重心偏
柜架倒 把人砸

高处物　不去拿　凳子晃　易摔下
寻大人　来帮助　切不可　自攀爬

衣柜门　小抽屉　有拉手　开关易

小手指　莫放里　关闭时　把手挤

沙发上 端坐好 不行走 不蹦跳

向高跳 失重心 身倾斜 地上倒

爬窗台　向下望　头儿重　脚儿轻
一不慎　跌窗外　轻则伤　重则亡

浴缸里　来洗澡　不拍打　不蹦跳
水花溅　吸入鼻　脚不稳　滑一跤

厨房里 灶台边 开水滚 油飞溅

年幼小 不靠近 防烫伤 躲一旁

白面粉　勿扬洒
若弥漫　浓度大
威慑力　别轻看
遇明火　会爆燃

暖水瓶 立桌上 玻璃胆 开水装
贪玩耍 爬上桌 打翻瓶 皮肉烫

饮水机　把水放　蓝把凉　红把烫
水将满　快归位　防溢出　将手伤

插销板　电源座　不捅玩　不触摸

如遇水　可导电　水容器　莫放前

电风扇 送凉风 夏日里 转不停
手不摸 棍不捅 打到手 伤不轻

电熨斗 热气腾 父母用 勿靠前

不在意 手触摸 烫伤手 泡成片

暖水袋 暖被窝 不挤压 不可坐
用时长 需更换 袋老化 容易破

升降椅　能高低　内充满　高压气
出故障　会爆破　防万一　不要坐

燃气灶　煤气罐
不走近　不拧转
气泄漏　遇明火
可爆炸　后果惨

脏衣服　来清洗　有定时　别着急
莫开盖　往里探　转速快　卷伤己

滚衣桶　大又圆　藏猫猫　不去钻

爬到里　门关闭　缺氧气　人危急

大马桶 冲便尿 盖上盖 不近靠
池中水 病菌多 不盛舀 不碰摸

电烤箱 电力强 控时间 切勿忘

加热后 温度高 手触碰 易烫伤

小台灯　立桌上
到夜晚　它点亮
灯口处　有强电
不触摸　不拧转

用手机 莫连电 逆操作 高风险

电池炸 火燃起 人触电 酿悲剧

打火机　小火柴
多因它　引火灾
不玩耍　不好奇
切牢记　要远离

小药粒　糖外衣
甜在外　苦在里
不乱吃　不瞎尝
若吃下　造病疾

泡腾片 加水喝 如吞服 方法错
气体涨 堵气嗓 人窒息 命危急

消毒水　洗涤液　非饮料　切莫尝
若误食　速呕出　急就医　洗胃肠

干燥剂 刺激强 不开封 放一旁
如触摸 伤皮肤 进眼里 可致盲

塑料袋 勿套头 细长绳 勿绕颈

呼吸难 易窒息 体缺氧 命危急

刀剪针　作用大　手工艺　难离它
使用时　要谨慎　收藏好　不玩耍

强力胶　用途多
使工具　别手摸
触皮肤　易过敏
粘到手　难分合

黏胶带 勿乱拽 缠身上 分不开
绕肢体 血不畅 绕头颈 呼吸衰

新书本　边角锋　划伤皮　常发生
打肥皂　磨边角　翻阅时　慢而轻

拉锁链　齿两排　连一起　分不开
拉拉链　易夹肉　齿对齐　小心拽

螺母圈　金属环
手指儿　不要钻
空隙小　易套牢
指红肿　拔出难

小鼻孔 小耳朵
不塞物 不乱挖
塞异物 难寻取
胡乱挖 伤耳鼻

体温计 易破损 玻璃碎 水银滚

毒挥发 体吸收 防伤己 用当慎

防盗窗 墙外挂 铁条细 缝隙大
人在上 险难测 独在家 不攀爬

百叶窗　真漂亮
长绳圈　控升降
切莫要　颈上绕
勒气管　锁脖腔

柜子里　把身藏　门关闭　将锁撞
闷在里　难脱险　家无人　定遭殃

门锁里　机关多　乱拧转　被反锁
出不去　进不来　打不开　急生火

大门前 不站立 大门后 不藏迷
开关门 人来往 不留意 撞到己

小手指　要保护　圆圆孔　别伸洞
伸进去　将手箍　用尽力　难拔出

墩完地　地面滑　水迹干　再玩耍
不在意　摔仰翻　皮肉痛　苦不堪

48

热汤菜　端上前　让开道　留空间
乱冲撞　乱追跑　菜打翻　热汤浇

上阶梯　下楼台
步迈稳　脚不歪
缓步行　勿匆忙
防滑倒　防跌伤

楼扶手　滑滑梯
此玩法　不可取
冲下来　伤不轻
重心偏　掉楼底

51

楼梯间　玩攀爬　不可做　此玩法
抓不稳　脚下滑　身子歪　人栽下

乘滚梯　站右旁　裙提起　鞋系牢

手平握　传送带　不探头　不倚靠

乘直梯　随大人　不蹦跳　脚立稳

如超载　耐心等　遇事故　按报警

火情生　浓烟起　安全口　能应急
湿毛巾　捂口鼻　随引导　速逃离

在家中 起火灾 窗呼救 手摇摆

惊四邻 来报警 为救援 抢时间

地震来 屋摇摆 危险房 速离开
不惊慌 守秩序 听指挥 听安排

独在家　门铃响　别开门　猫眼望
陌生人　不应答　防拐骗　好办法

三字谣　捧手里　父母教　细心记

重预防　立规矩　享平安　事如意

图书在版编目（CIP）数据

童安谣·室内篇 / 鲍晓，鲍卫华著；鲍晓，唐敏绘 .—北京：首都师范大学出版社，2019.3

ISBN 978-7-5656-4976-9

Ⅰ . ①童… Ⅱ . ①鲍… ②鲍… ③唐… Ⅲ . ①安全教育 – 儿童读物 Ⅳ . ① X956-49

中国版本图书馆 CIP 数据核字 (2019) 第 038219 号

TONGANYAO SHINEIPIAN

童安谣·室内篇

鲍晓　鲍卫华◎著　　　鲍晓　唐敏◎绘

| | |
|---|---|
| 选题策划 | 陈　谦 |
| 责任编辑 | 罗　菁 |
| 图书设计 | 北京地大彩印有限公司 |

首都师范大学出版社出版发行

| | |
|---|---|
| 地　　址 | 北京西三环北路 105 号 |
| 邮　　编 | 100048 |
| 电　　话 | 68418523（总编室）　68982468（发行部） |
| 网　　址 | http://cnupn.cnu.edu.cn |
| 印　　刷 | 三河市博文印刷有限公司 |
| 经　　销 | 全国新华书店 |
| 版　　次 | 2019 年 3 月第 1 版 |
| 印　　次 | 2019 年 3 月第 1 次印刷 |
| 开　　本 | 190mm × 195mm　1/20 |
| 印　　张 | 11 |
| 字　　数 | 6.8 千（全四册） |
| 定　　价 | 78.60 元（全四册） |

儿童安全三字经

# 童安谣

## 第二册　户外篇

鲍　晓　鲍卫华◎著
鲍　晓　唐　敏◎绘

首都师范大学出版社

# 重要提示

    本丛书图画显示的危险行为，请成年人务必提醒和警示儿童，以防跟学模仿！

# 序

儿童的健康和安全，关乎着家庭的幸福和民族的未来，一直是社会广泛关注的焦点。每当看到幼小的生命因安全事故酿成的悲剧，我们不禁扼腕叹息。如何加强儿童自身的安全防范意识，提高其应对险情的自我保护能力，成为我们共同思索的问题。

本丛书从中华民族的智慧宝库中获得启迪，采用大众喜闻乐见的"三字经"的传统语言形式来进行创作。一方面，我们将常见的安全隐患和必要的健康卫生知识收集并呈现出来，力求文字韵律清晰、通俗易懂，语句朗朗上口、便于传诵；另一方面，为提升儿童阅读兴趣，每段文字都配有手绘创作的彩图，画风清新自然、直观形象，以从视觉层面强化风险意识。此外，本丛书对危险场景的描绘尺度力求适当，以避免阅读过程中可能产生的恐惧或不适感。

本丛书共分为《室内篇》《户外篇》《玩耍篇》《保健篇》四个篇目，涵盖内容丰富细致，是一本很好的亲子互动和安全启蒙教育读本。希望本丛书可以在儿童的心里种上一颗"防患于未然"的种子，避免不幸事件的发生。最后，我们诚挚地欢迎广大读者朋友给予宝贵意见和建议，以求《童安谣》更为详尽和完善。

《童安谣》创作组

二〇一九年一月

童安谣　家中备　安全课　警示强

尊生命　重健康　多受益　广传扬

过马路　斑马线　红绿灯　仔细看

红灯息　绿灯变　和大人　把手牵

大马路 有栏护 来往车 各一处
为超近 跨护栏 违交规 酿事故

行路时　目向前
路不平　有深浅
遇障碍　有防备
不跌倒　不磕绊

手拉手　防意外　不生拉　不硬拽

拽倒人　砸到己　高危事　不可取

等公交　站路边　队排好　不抢先

车进站　莫探身　车停稳　再上前

乘公交　站稳脚　找扶手　要握牢
座位上　勿探头　手不向　窗外伸

乘汽车　守规则
安全椅　里面坐
车窗门　关闭好
行驶中　不打扰

汽车前　不玩耍　汽车后　勿停留
驾驶座　有盲区　车启动　躲不及

汽车旁 躲车门 随时有 下车人

开门人 如大意 走车旁 伤到己

车天窗　为采光

观风景　不应当

误按键　车窗关

脖颈夹　保命难

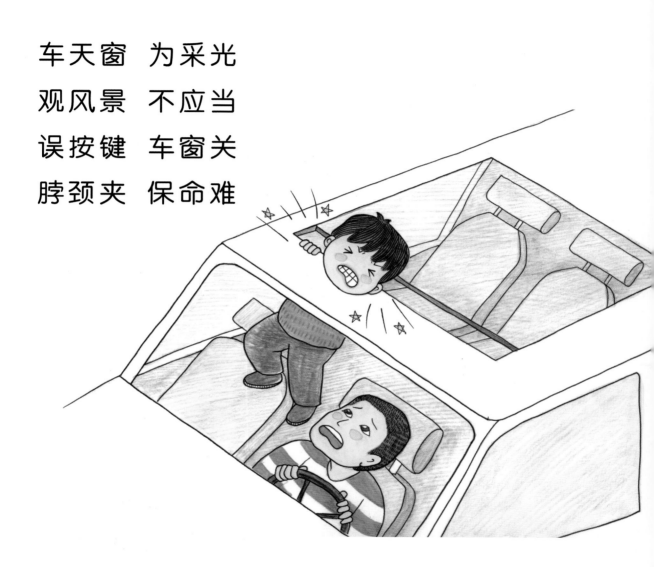

公共场 守秩序 人与人 持距离
不碰撞 不拥挤 防踩踏 须警惕

大火车　沿轨来　笛声响　速度快

轨道旁　不玩耍　交叉路　不钻栏

高速路　车速急　莫当作　玩耍地
事故发　惨而重　守法规　从自己

站台上　小心行　安全线　里面停
不留意　迈空脚　坠轨道　命难保

高压线　变压器

电流强　要远离

电击人　一瞬间

危生命　残肢体

施工楼　须绕开　砖瓦片　时飞来
坠落地　难防身　存侥幸　万不该

暴雨下　要躲避
雷声响　防电击
到室内　最安全
临出门　看天气

大雨后 路难行 汇成河 水不清
脚下面 危险藏 井和坑 谨提防

风卷起 力无比 大树旁 莫站立
水塘边 不行走 广告牌 远远离

隆冬月　天地寒　行路上　起冰面
遇冰冻　当绕行　滑一跤　伤不轻

冰冻物　太凉寒　手不摸　舌不舔
手触碰　冻一起　舌伸出　舌尖粘

遇井盖　不踩踏　井口边　不戏耍
一失足　落深渊　家人急　难寻找

废弃井　似深渊　玩耍时　莫上前
坠入底　旁无人　求救难　喊破天

山间洞　菜地窖　沼气池　污水道
害气多　氧气少　误进入　易晕倒

沥青池　烫又黏　止住步　莫靠前

粘住手　伤皮肤　粘住脚　难拔出

两墙缝　不去钻
进去易　出来难
卡住头　夹住身
皮肉伤　难脱险

铁栏杆 头莫钻 伸进去 退出难

快求助 消防员 有方法 解危难

玻璃门 擦得亮 看清晰 别撞上
碰伤鼻 流出血 碰额头 晕方向

旋转门 圆圆房 踏进门 走中央
门缝边 要远离 随门转 看前方

检票口 闸门立 夹力大 闭合急
年幼童 大人抱 避闸门 隐患离

伸缩门 连接电 可收缩 可伸展

不靠前 不触摸 防夹伤 防触电

喷泉池　真壮观　灯光闪　水花溅

池底下　藏电缆　防漏电　莫靠前

小帽衫　惹麻烦
抽拉绳　即祸端
有拉力　绳收紧
勒脖颈　呼吸难

骑车行　有禁忌
长围巾　不可取
车轮转　卷入里
高风险　要注意

香蕉皮　地上抛　不留意　滑一跤
讲公德　我做起　果皮箱　丢进里

陌生人　来哄骗　送糖果　讨心欢
抵诱惑　不嘴馋　有警觉　方平安

人跟踪　要机警
走偏僻　万不能
寻人群　高声喊
跟踪人　无踪影

家信息　要保护　从口中　莫透露
生人问　不应答　防隐患　守好家

小内衣　小短裤　遮盖住　隐私部
不让摸　不外露　要从小　知保护

公园里　走失散　等爸妈　原地站
可求助　工作员　大喇叭　高声传

外出时　不乱跑　家人陪　手拉好

人多处　易走失　家信息　要记牢

小朋友　记下来

110　　警车快

120　　急就医

119　　灭火灾

三字谣　捧手里　父母教　细心记

重预防　立规矩　享平安　事如意

图书在版编目（CIP）数据

童安谣·户外篇 / 鲍晓，鲍卫华著；鲍晓，唐敏绘 . —北京：首都师范大学出版社，2019.3

ISBN 978-7-5656-4976-9

Ⅰ . ①童… Ⅱ . ①鲍… ②鲍… ③唐… Ⅲ . ①安全教育 – 儿童读物 Ⅳ . ① X956-49

中国版本图书馆 CIP 数据核字 (2019) 第 038220 号

TONGANYAO HUWAIPIAN

童安谣·户外篇

鲍晓　鲍卫华◎著　　　鲍晓　唐敏◎绘

| | | |
|---|---|---|
| 选题策划 | 陈　谦 |
| 责任编辑 | 罗　菁 |
| 图书设计 | 北京地大彩印有限公司 |
| | 首都师范大学出版社出版发行 |
| 地　　址 | 北京西三环北路 105 号 |
| 邮　　编 | 100048 |
| 电　　话 | 68418523（总编室）　68982468（发行部） |
| 网　　址 | http://cnupn.cnu.edu.cn |
| 印　　刷 | 三河市博文印刷有限公司 |
| 经　　销 | 全国新华书店 |
| 版　　次 | 2019 年 3 月第 1 版 |
| 印　　次 | 2019 年 3 月第 1 次印刷 |
| 开　　本 | 190mm × 195mm　1/20 |
| 印　　张 | 11 |
| 字　　数 | 6.8 千（全四册） |
| 定　　价 | 78.60 元（全四册） |

儿童安全三字经

# 童安谣

## 第三册　玩耍篇

鲍　晓　鲍卫华◎著
鲍　晓　唐　敏◎绘

首都师范大学出版社

# 重要提示

本丛书图画显示的危险行为，请成年人务必提醒和警示儿童，以防跟学模仿！

# 序

　　儿童的健康和安全，关乎着家庭的幸福和民族的未来，一直是社会广泛关注的焦点。每当看到幼小的生命因安全事故酿成的悲剧，我们不禁扼腕叹息。如何加强儿童自身的安全防范意识，提高其应对险情的自我保护能力，成为我们共同思索的问题。

　　本丛书从中华民族的智慧宝库中获得启迪，采用大众喜闻乐见的"三字经"的传统语言形式来进行创作。一方面，我们将常见的安全隐患和必要的健康卫生知识收集并呈现出来，力求文字韵律清晰、通俗易懂，语句朗朗上口、便于传诵；另一方面，为提升儿童阅读兴趣，每段文字都配有手绘创作的彩图，画风清新自然、直观形象，以从视觉层面强化风险意识。此外，本丛书对危险场景的描绘尺度力求适当，以避免阅读过程中可能产生的恐惧或不适感。

　　本丛书共分为《室内篇》《户外篇》《玩耍篇》《保健篇》四个篇目，涵盖内容丰富细致，是一本很好的亲子互动和安全启蒙教育读本。希望本丛书可以在儿童的心里种上一颗"防患于未然"的种子，避免不幸事件的发生。最后，我们诚挚地欢迎广大读者朋友给予宝贵意见和建议，以求《童安谣》更为详尽和完善。

《童安谣》创作组

二〇一九年一月

童安谣 家中备 安全课 警示强

尊生命 重健康 多受益 广传扬

小积木　摊一地　不玩时　快收起
踩上去　崴坏脚　摔一跤　伤身体

尖尖笔　手中拿　不指人　不比划
扎到脸　刺伤眼　伤及人　悔之晚

玩玩具　不争抢　轮流拿　互谦让
你来争　我来抢　不相让　两俱伤

吹气球 大人帮 小朋友 躲一旁
捂住耳 防吹炸 严闭口 碎片挡

小气球 拿手中 吃柑橘 险易生
柑橘汁 溅上面 气球爆 一瞬间

氢气球　虽漂亮　可燃气　里面装
遇明火　似炸弹　气燃烧　腾火焰

爆竹响　烟花亮　年幼小　不可放
远远看　防护好　遮双眼　最重要

小圆球　小杂物　不口含　防吞入
入喉咙　卡气管　呼救难　酿事故

激光笔　教学具　不可拿　存放起

光束强　延伸长　晃坏眼　暗无光

弹珠枪 风险强 枪膛里 钢珠装
不留神 扣扳机 珠离膛 成重伤

绷弹弓　有威力　不用它　做游戏

小石子　打出去　伤到眼　难治愈

灭火器　本应急　绝勿耍　恶作剧
开关闸　按下去　喷射物　伤身体

滑滑梯　速度急
坐中央　不偏离
切不可　头朝下
也不可　逆向爬

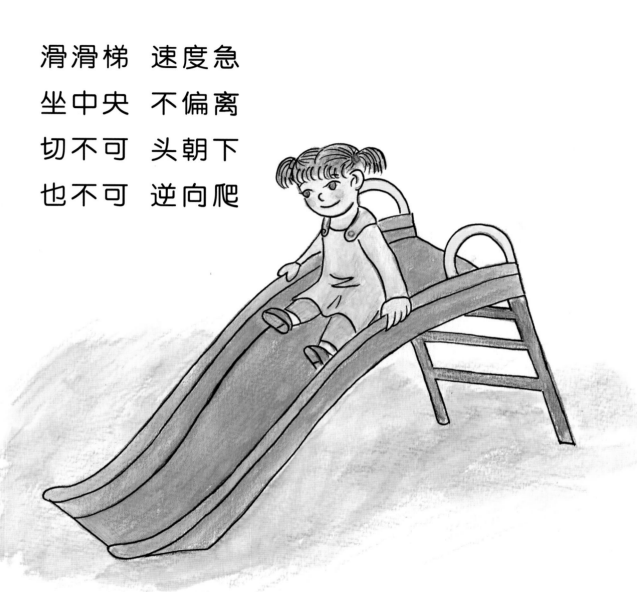

小秋千　来回荡　小朋友　悠天上
别人玩　要远观　在近旁　易撞伤

跷跷板 两头坐 一边起 一边落
小伙伴 配合好 坐稳当 手抓牢

玩沙土　不抛扬　迷眼睛　手不揉
上眼皮　轻抬起　泪儿流　排沙粒

沙滩上　做游戏　埋沙人　莫过膝

若塌方　被沙吞　潮水来　难撤离

海岸边 藏危机 离岸流 时涌起
流速快 难察觉 卷入海 夺命急

捉迷藏　选场地　水塘边　不游戏

蒙双眼　看不见　脚踏空　入水底

站高处　向下跳　危险大　不可要

爱身体　不冒险　血教训　应避免

水塘边 马路旁 玩皮球 危险匿

掉水里 勿打捞 滚路上 莫追去

儿童车 勿上路 守交规 别马虎
防万一 遇不测 己受伤 责任负

溜旱冰 速度急 戴防护 保护己

小伙伴 别冲撞 公路上 实不宜

滑板车　利身体　护额头　护肘膝
装备齐　方上阵　无保护　切莫行

骑车玩　不逞强　握住把　定方向

撒把骑　耍杂技　方向偏　摔在地

滑雪场 高坡上 练体能 练胆量
基本功 学扎实 方不可 来逞强

玩倒立　无把握　年幼小　臂力弱
撑不住　戳在地　颈骨折　伤残落

大风筝　飞天上
风筝线　细又长
要仔细　看清晰
易刺伤　躲一旁

学游泳　浅水区　穿系好　救生衣

离岸边　切莫远　成人护　方保险

游野泳　不安全　泥潭陷　水草盘
遇此况　难挣脱　不贪玩　躲灾祸

冻河里　冰面薄
禁溜冰　禁垂钓
冰面破　人跌入
寒彻骨　祸难逃

小船儿　推波浪　不探身　不摇晃

救生衣　充气囊　备无患　水中航

路边树　别攀爬

枝折断　摔地下

轻则伤　筋骨痛

重则残　难行动

降落伞　飘向地　小雨伞　莫代替
爬高处　跳下去　伞撑破　人倒地

小猫狗　虽可爱
靠近时　需防范
若伤到　清患处
打疫苗　不耽误

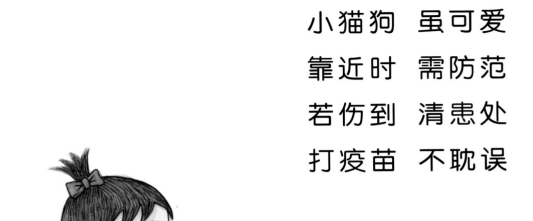

野蜂来　要遮挡　不拍打　免蜇伤
见蜂窝　不去捅　蜂袭人　痛又肿

毛毛虫　不要抓　细毒刺　把手扎
红又肿　痒又痛　挠出血　落伤疤

荒野外　毒蛇藏　常出没　把人伤

年幼小　难防范　不到此　去观光

小公鸡　性情急　不与它　来嬉戏

扬起脖　发脾气　跳起身　啄伤你

野山林　猴称王　遇行人　拦路抢
大人护　防袭击　不独自　到处闯

野生园 猛兽多 速度急 性凶恶
善潜伏 突袭击 窗紧闭 禁下车

影视里　有特技　奇异功　是假戏

勿跟学　勿模仿　剧情需　供观赏

三字谣　捧手里　父母教　细心记

重预防　立规矩　享平安　事如意

图书在版编目（CIP）数据

童安谣·玩耍篇 / 鲍晓，鲍卫华著；鲍晓，唐敏绘. —北京：首都师范大学出版社，2019.3

ISBN 978-7-5656-4976-9

Ⅰ.①童… Ⅱ.①鲍… ②鲍… ③唐… Ⅲ.①安全教育－儿童读物 Ⅳ.① X956-49

中国版本图书馆 CIP 数据核字 (2019) 第 038217 号

TONGANYAO WANSHUAPIAN
童安谣·玩耍篇

鲍晓　鲍卫华◎著　　鲍晓　唐敏◎绘

选题策划　　陈　谦
责任编辑　　罗　菁
图书设计　　北京地大彩印有限公司
首都师范大学出版社出版发行
地　　址　　北京西三环北路 105 号
邮　　编　　100048
电　　话　　68418523（总编室）　68982468（发行部）
网　　址　　http://cnupn.cnu.edu.cn
印　　刷　　三河市博文印刷有限公司
经　　销　　全国新华书店
版　　次　　2019 年 3 月第 1 版
印　　次　　2019 年 3 月第 1 次印刷
开　　本　　190mm×195mm　1/20
印　　张　　11
字　　数　　6.8 千（全四册）
定　　价　　78.60 元（全四册）

儿童安全三字经

# 童安谣

## 第四册　保健篇

鲍　晓　鲍卫华◎著
鲍　晓　唐　敏◎绘

首都师范大学出版社

# 重要提示

　　本丛书图画显示的危险行为，请成年人务必提醒和警示儿童，以防跟学模仿！

# 序

　　儿童的健康和安全，关乎着家庭的幸福和民族的未来，一直是社会广泛关注的焦点。每当看到幼小的生命因安全事故酿成的悲剧，我们不禁扼腕叹息。如何加强儿童自身的安全防范意识，提高其应对险情的自我保护能力，成为我们共同思索的问题。

　　本丛书从中华民族的智慧宝库中获得启迪，采用大众喜闻乐见的"三字经"的传统语言形式来进行创作。一方面，我们将常见的安全隐患和必要的健康卫生知识收集并呈现出来，力求文字韵律清晰、通俗易懂，语句朗朗上口、便于传诵；另一方面，为提升儿童阅读兴趣，每段文字都配有手绘创作的彩图，画风清新自然、直观形象，以从视觉层面强化风险意识。此外，本丛书对危险场景的描绘尺度力求适当，以避免阅读过程中可能产生的恐惧或不适感。

　　本丛书共分为《室内篇》《户外篇》《玩耍篇》《保健篇》四个篇目，涵盖内容丰富细致，是一本很好的亲子互动和安全启蒙教育读本。希望本丛书可以在儿童的心里种上一颗"防患于未然"的种子，避免不幸事件的发生。最后，我们诚挚地欢迎广大读者朋友给予宝贵意见和建议，以求《童安谣》更为详尽和完善。

《童安谣》创作组

二〇一九年一月

童安谣　家中备　安全课　警示强

尊生命　重健康　多受益　广传扬

小手儿　到处抓　细菌藏　虫卵爬

常吃手　趁机入　肠发炎　虫安家

用餐前　便尿后
养习惯　勤洗手
手儿白　指甲净
讲卫生　预防病

进餐时　养习惯
细细嚼　慢慢咽
护肠胃　助消化
营养素　吸收全

小果冻　坚果实　年龄小　不可吃
如吸入　气管内　送医院　莫延迟

吹泡泡　泡泡糖　如不慎　入喉腔

粘气管　难咳出　小孩童　定不尝

对饮食　不挑剔　营养全　促发育

太偏食　缺营养　智不聪　体不壮

食适可　不嘴馋
勿多糖　勿多盐
少油炸　少膨化
忌烧烤　忌辛辣

冷食饮　真诱惑　适可止　不宜多
若贪吃　无节制　胃肠病　是因果

热饮料 吸管喝 吸入急 食道过

烫黏膜 痛难忍 防烫伤 试冷热

营养素　水第一　白开水　最有益
甜碳酸　不宜多　咖啡茶　损身体

甜食物 不宜多 损神经 伤骨骼
生蛀牙 黑又残 脑不聪 视力弱

小食品 密封装 保质期 写在上
食用前 看仔细 若超期 不可尝

成人饮　莫偷尝　伤身体　损健康

莫过问　莫好奇　年幼小　不适宜

小肚脐　似有泥　分泌物　不稀奇
乱抠挖　坏习惯　如感染　需看医

小牙齿 需呵护 食物渣 要清除
早晚刷 好习惯 牙洁白 齿坚固

餐饭后　莫跑跳

胃肠道　运行好

易吸收　易消化

体儿健　个儿高

鱼鲜美　骨刺多　易卡喉　刺黏膜

看清楚　择仔细　若卡喉　急就医

小野果　小花蘑　不采摘　不触摸

果虽美　毒汁多　不误食　不馋舌

采摘园　果新鲜　残农药　表皮沾

刚摘下　不可食　洗干净　无后患

白果粒 药性强 不宜食 不可尝

毒性发 作用大 误食用 悔不当

鲜荔枝　不多尝　果汁甜　隐患藏

若贪吃　不节制　糖代谢　出症状

仙人掌　肉芦荟　红月季　黄玫瑰

毛刺尖　易刺伤　不触摸　远观赏

小声带　要呵护　讲话时　它震动
尖声叫　高声喊　声带破　发音难

小铅笔　口中含　不可取　坏习惯
有害物　溶入口　日积累　毒侵犯

看电脑　持距离
光适中　护身体
时间长　伤眼睛
要节制　要自律

近视眼　从小防
光适中　不弱强
离书本　一尺远
控时间　常远望

小手机　辐射强　通电话　别时长
看屏幕　不可久　懂节制　自觉养

小耳机 大声听 易损伤 耳神经

常佩戴 听力降 严重者 鼓膜伤

微波炉　电磁强　对身体　有影响

父母用　要远离　独在家　不开启

浴霸灯　暖又亮

光线强　眼易伤

辐射大　莫靠近

控时间　不盯望

灯关闭 看手机 强光亮 刺眼底

黄斑病 易发生 渐失明 难治愈

电气焊 强光闪 不当心 灼伤眼

红又肿 眼难睁 需治疗 上医院

冬取暖　防煤气　通风斗　窗上立

烟筒灰　勤清理　全家人　须警惕

遇吸烟　要避开　烟雾浓　空气坏

常吸入　损健康　护身体　知危害

新装修　莫入住　室弥漫　有害物
常通风　换空气　经检测　方可住

杀虫剂 喷完毕 有害物 染空气

开门窗 来通风 新空气 换彻底

阳光照 万物长 适当晒 利健康
维生素 能合成 骨发育 健而壮

盛夏时 日光强 热辐射 易灼伤

紫外线 致疾病 需防护 有遮挡

自来水　有病菌
肠道中　可生存
易引发　肠道病
饮用前　要烧滚

预防针 有规程
按时打 不落下
如有缺 及时补
免疫力 定不差

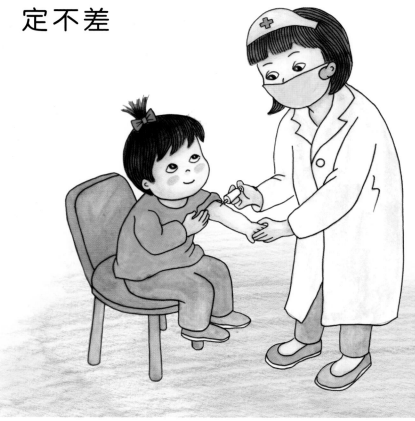

做体检 保健医 查病症 测发育
有问题 及时纠 别忽视 要定期

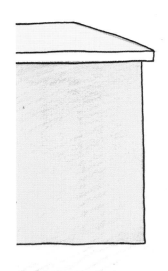
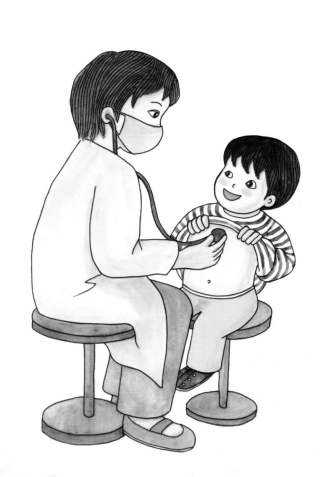

有外伤　去医院　破伤风　别小看
预防针　及时打　清伤口　防感染

打喷嚏　飞沫扬　病原体　里面藏

公共场　戴口罩　护口鼻　把病防

传染病　有病源　离病人　范围远
家病人　应隔离　病人物　切莫沾

雾霾天　有困扰
灰尘细　微粒小
入肺泡　难排出
重防护　戴口罩

耳和鼻　手和脚

冻伤后　莫火烤

冰水敷　冷水泡

缓加温　痊愈早

小蚊虫　传疾病　聚集地　在草丛
不进入　防叮咬　蚊帐帘　支家中

小虱虫　生发中　传播病　是帮凶

常洗澡　勤换衣　虫和卵　消灭净

蜱虫小　危害大
叮人后　不可拔
急就医　来处理
防叮咬　长裤褂

大蚂蟥　藏在水　叮咬人　不松嘴
拍局部　即脱出　上碘酒　速消毒

小螃蟹　穿铠甲　两只手　似钳夹
夹住人　不松开　不招它　不惹它

睡眠时 不蒙头 鲜空气 室内流

被子里 缺氧气 时间长 易窒息

睡眠前 不嬉闹 易兴奋 难入觉
定时眠 成习惯 体力足 精神好

好仪态 从小养 坐姿正 要端庄
立有根 胸挺起 步行稳 视前方

三字谣　捧手里　父母教　细心记

重预防　立规矩　享平安　事如意

图书在版编目（CIP）数据

童安谣·保健篇 / 鲍晓，鲍卫华著；鲍晓，唐敏绘 . —北京：首都师范大学出版社，2019.3

ISBN 978-7-5656-4976-9

Ⅰ.①童… Ⅱ.①鲍… ②鲍… ③唐… Ⅲ.①安全教育 – 儿童读物 Ⅳ.① X956-49

中国版本图书馆 CIP 数据核字 (2019) 第 038223 号

TONGANYAO BAOJIANPIAN

童安谣 · 保健篇

鲍晓　鲍卫华◎著　　　鲍晓　唐敏◎绘

| | |
|---|---|
| 选题策划 | 陈 谦 |
| 责任编辑 | 罗 菁 |
| 图书设计 | 北京地大彩印有限公司 |

首都师范大学出版社出版发行

| | |
|---|---|
| 地　　址 | 北京西三环北路 105 号 |
| 邮　　编 | 100048 |
| 电　　话 | 68418523（总编室）　68982468（发行部） |
| 网　　址 | http://cnupn.cnu.edu.cn |
| 印　　刷 | 三河市博文印刷有限公司 |
| 经　　销 | 全国新华书店 |
| 版　　次 | 2019 年 3 月第 1 版 |
| 印　　次 | 2019 年 3 月第 1 次印刷 |
| 开　　本 | 190mm×195mm　1/20 |
| 印　　张 | 11 |
| 字　　数 | 6.8 千（全四册） |
| 定　　价 | 78.60 元（全四册） |